Un Abattoir Moderne Français

LE FUTUR ABATTOIR D'ANGERS

PAR

Le Dʳ A. MOREAU

Extrait du *Bulletin de la Fédération des Sociétés et Syndicats vétérinaires de France.* (N° du 15 juillet 1904.)

Un Abattoir Moderne Français

LE FUTUR ABATTOIR D'ANGERS

La transformation qui s'impose si impérieusement dans la construction et l'aménagement de nos abattoirs est l'une des conséquences du
changement survenu dans les conditions et dans les bases mêmes de
l'inspection sanitaire.

Les doctrines pastoriennes ont, dès leur apparition, prouvé le bien
fondé des craintes qu'inspirait la consommation de certaines viandes
malades ou altérées. Elles ont montré la nécessité de donner une organisation scientifique à l'inspection sanitaire des abattoirs et de confier
la surveillance de ces établissements aux vétérinaires « que leurs études
spéciales, théoriques et pratiques, ont seuls mis à même de connaître
les lésions et les symptômes particuliers à chaque maladie. » (Bouley et
Nocard.)

C'est à la même époque qu'apparaît et grandit peu à peu cette branche
nouvelle des connaissances et des attributions vétérinaires : l'inspection
des viandes, qui fait du vétérinaire un agent protecteur de la santé
humaine et lui donne un nouveau trait commun avec le médecin ; rôle
très important et d'un grand profit moral pour la profession, en un
temps où l'hygiène a pris une place si grande dans la vie sociale.

De leur côté, les hygiénistes sont arrivés à reconnaître que l'abattoir
est utile non seulement au point de vue de la technique, de la salubrité
et de la sécurité publique, mais encore comme moyen de contrôle plus
parfait de l'état de santé des animaux et de l'innocuité des viandes qu'on

y prépare (Proust, Baillet, Rochard et surtout Arnould). Les pouvoirs publics ont apporté leur appui à cette manière nouvelle de concevoir le rôle des abattoirs et ont engagé les municipalités à créer ces établissements partout où ils manquent (Circulaire ministérielle du 22 mars 1881), tandis que le législateur recherchait les ressources financières indispensables. (Projet de loi Leconte et Chavoix.)

Mais c'est à l'étranger et principalement en Allemagne, que l'on a reconnu comme absolument nécessaires à la bonne exécution de l'inspection, la transformation des abattoirs, leur reconstruction sur de nouvelles données et la réorganisation de tous les services qui en assurent le fonctionnement.

En France et jusqu'en ces dernières années, nous avons vécu sur cette croyance que nos abattoirs constituent toujours le dernier mot du perfectionnement. Il suffit de parcourir nos divers traités et dictionnaires d'architecture pour voir, partout reproduite comme un cliché, cette opinion : l'abattoir de la Villette réalise le type unique et universel de l'abattoir.

Nos voisins nous ont laissés à ces naïves illusions. Ils ont pensé que l'organisation des abattoirs ne devait pas échapper à la loi du progrès, qu'il y avait lieu de chercher à utiliser les avantages du travail en commun, à appliquer aux diverses manipulations les procédés nouveaux de la mécanique et surtout à assurer le contrôle sanitaire complet et efficace des animaux vivants et des viandes abattues.

L'architecture allemande s'inspira, dans la construction des abattoirs, des desiderata et des critiques des vétérinaires inspecteurs, qui eurent voix au chapitre, comme sont préalablement entendus les médecins et chirurgiens pour la construction et l'aménagement des hôpitaux. Des architectes se spécialisèrent dans la construction de ces établissements ; ils édifièrent les abattoirs de Cologne (1875), de Munich (1878), de Berlin (1880), de Hanovre (1884), de Leipzig (1888), de Coblentz, de Nuremberg, de Carlsruhe, de Francfort, de Manheim, etc., qui comprennent au nombre des dispositions nouvelles appliquées : l'établissement sanitaire, la halle commune d'abatage, les appareils transporteurs, les resserres froides et de multiples perfectionnements de détail dont on peut se faire une idée en parcourant les catalogues des maisons allemandes qui s'occupent spécialement de la fabrication de machines et appareils utilisés dans les abattoirs. (Beck et Henkel, Kaiser Unruh et Liebig, etc.)

Nous n'avons rien d'analogue en France, ni comme installation, ni comme industrie spéciale Et ces progrès si remarquables, accomplis à notre porte depuis vingt ans, nous les ignorions encore hier.

La question a été portée devant le Congrès national vétérinaire de 1900, et l'assemblée, en adoptant les conclusions de M. Leclerc et les nôtres, reconnut combien était urgente la nécessité de doter nos abattoirs des organes essentiels qui leur manquent presque partout.

Depuis lors, un essai malheureux fut tenté à Ivry. Mais la construction d'un établissement hybride, dans lequel les inconvénients des deux systèmes de salles d'abatage s'additionnent, tandis que leurs avantages s'annihilent, l'insuffisance des annexes et des dégagements les plus nécessaires, démontre l'erreur de ceux qui croient pouvoir innover sans mettre à profit l'expérience du voisin, sans faire une étude approfondie des abattoirs les mieux construits et d'importance équivalente, afin de se rendre compte sur place des résultats obtenus et des moyens pratiques à employer pour adapter à nos besoins les perfectionnements visés.

L'abattoir d'Ivry, qui constitue surtout un modèle négatif, un exemple de ce qu'il ne faut pas faire, prouve encore qu'il est utile d'éclairer le constructeur, insuffisamment instruit des nécessités nouvelles, en attendant que nous ayons enfin des architectes spécialisés à la construction des abattoirs.

* *

La municipalité d'Angers, judicieusement informée, a su éviter ces fautes ruineuses.

Décidée à reconstruire son abattoir, qui date de 1833 et qui — comme tant d'autres en France — ne répond plus aux besoins de la ville (80,000 habitants) et aux règles actuelles de l'hygiène, elle chargea une commission composée d'architectes, de vétérinaires et de praticiens, de faire une étude complète de la question et de préparer un avant-projet de reconstruction. Ces travaux préliminaires aboutirent, en septembre 1903, à la mise au concours d'un projet d'abattoir nouveau, à construire sur un emplacement contigu à l'ancien.

Un programme détaillé fut publié, dont voici les principaux paragraphes :

Le projet devant répondre aux besoins modernes et aussi aux usages locaux les concurrents devront être informés que le nombre des animaux abattus par semaine et, au maximum, à certains jours de la semaine, est de :

	Chiffres actuels :		Chiffres à prévoir :	
	SEMAINE	JOUR	SEMAINE	JOUR
Grands animaux de boucherie.	150	100	200	130
Veaux.	400	200	550	275
Moutons.	600	300	725	300
Porcs.	275	150	380	190
Chevaux	20	10	40	20

Les règlements de l'abattoir prescrivent la perception des droits d'octroi et d'abatage sur le poids des animaux vivants (1) et, préalablement, la preuve que les animaux ont subi avant d'entrer l'examen sanitaire ; des dispositions spéciales doivent être prises pour l'introduction des animaux dans l'abattoir de telle sorte qu'aucun animal ne puisse être volontairement ou accidentellement soustrait à cette double obligation.

. . . .

Les concurrents devront s'entourer de tous les renseignements nécessaires pour qu'il ne soit proposé que des moyens d'exécution, de fonctionnement, d'hygiène et de salubrité les plus parfaits et les plus perfectionnés.

Le concours portant sur ces points essentiels ainsi que sur le bon agencement de toutes les parties de l'établissement, il est recommandé aux concurrents de s'inspirer des dispositions prises pour la construction des abattoirs les plus perfectionnés, tels que ceux que l'on trouve en certaines villes d'Allemagne, notamment à Manheim.

Cependant, il est fait observer qu'en Allemagne on a adopté le système de halls d'abatage séparés pour les grands et les petits animaux de boucherie, et qu'à Angers, la boucherie trouve plus commode d'avoir un hall d'abatage commun pour les grands et petits animaux. . . . .

La conservation des viandes par le froid nécessite un bâtiment d'une construction appropriée à cette conservation, ainsi que l'établissement d'un matériel spécial (laissé en dehors du concours, sauf l'emplacement, à l'angle nord-est, et les voies d'accès). . . . .

L'abattoir devra être divisé en deux parties : l'une destinée à assurer qu'aucun animal ne pourra être introduit dans la seconde, sans que l'on soit certain qu'à la suite d'un premier examen sanitaire des animaux on a autorisé le passage, que l'animal a été pesé et que les droits d'octroi et d'abatage ont été acquittés. Cette partie comprendra aussi les locaux sanitaires où doivent être logés et abattus les animaux reconnus atteints de maladies contagieuses n'empêchant pas la consommation des viandes.

La seconde partie est destinée à l'abatage des animaux et à tous les travaux qui en sont la suite. A cette seconde partie se rattache la conservation de la viande dans le frigorifique. . . . .

_____

(1) Le règlement des taxes d'abatage à Angers est antérieur au décret du 1er août 1864.

Le projet comprendra les canaux destinés à enlever les eaux pluviales des bâtiments, des cours et des passages, et aussi celles qui proviennent des travaux exécutés dans l'abattoir. Ces eaux devront être recueillies dans un canal collecteur et, avant leur écoulement dans la Maine, subir un travail de décantage et d'épuration qui devra être rendu facile par des dispositions spéciales de construction.

....

Locaux sanitaires. — Parmi les animaux amenés à l'abattoir, certains peuvent être atteints de maladies contagieuses n'empêchant pas la consommation de la viande, mais exigeant l'isolement ou un abatage immédiat pour éviter toute contamination. Aussi près que possible des locaux administratifs, dans l'angle sud-est du terrain près du boulevard, seront édifiés les locaux sanitaires comprenant : 1° une étable de 8 × 8, divisée en deux cases de 4 × 3 pour petits animaux, et de quatre à cinq stalles pour grands animaux ; 2° une petite salle d'abatage de 8 × 5 ; 3° une salle d'autopsie de 8 × 5, qui pourra servir, en même temps, à l'examen des viandes amenées du dehors.

....

Hall d'abatage. — Il occupera une surface de 100 mètres de long sur 19 mètres de large. Le hall devra être muni des différents appareils nécessaires : treuils, poulies, écarteurs métalliques pour les grands animaux, pendoirs pour les petits... Un railway aérien permettra le transport facile des animaux à l'extérieur du hall et jusqu'à l'entrepôt frigorifique.

....

Conditions générales. — Tous les bâtiments et locaux de l'abattoir devront être construits et aménagés de telle sorte que le travail s'y effectue avec la plus grande facilité ; que le nettoyage et la désinfection des écuries, cours, rues, ateliers, etc., puissent être très complets ; que la surveillance des agents de l'Administration soit vraiment efficace. C'est pour cette dernière raison que tous les ateliers de travail, sauf les loges de triperie, doivent être des salles communes, sans division intérieure.

....

Règlement du concours. — 1° Sont appelés à concourir : tous les architectes français, tous les ingénieurs civils français diplômés... ; 2° Ce concours donnera droit aux récompenses suivantes, pour ceux qui en seront jugés dignes d'après la décision du jury : première prime, 5,000 francs ; deuxième prime, 3,000 francs ; troisième prime, 1,000 francs ; puis trois mentions honorables avec médailles d'argent..... 7° Les travaux de construction et d'aménagement de l'abattoir sont prévus pour la somme de 1.000.000 (un million)............................

Le jury sera composé de :

Le maire, président, et deux conseillers municipaux (1) ;

Trois architectes et un vérificateur choisis par la Société centrale des Architectes de France (2) ;

(1) MM. Bouhier, maire, Foucher et Lépicier.
(2) MM. Raulin, membre de l'Institut, Gautier, Duchâtelet, professeur à l'École centrale, et Paul, architecte-vérificateur.

Deux ingénieurs civils choisis par la Société des Ingénieurs des Arts et Manufactures (1);

Un constructeur mécanicien choisi par la Société des anciens élèves des Écoles nationales d'Arts-et-Métiers (2);

Deux vétérinaires, inspecteurs d'abattoirs, désignés par le Bureau de la Fédération vétérinaire de France (3);

Le directeur de l'abattoir d'Angers (4);

Les présidents des Chambres syndicales de la boucherie et de la charcuterie d'Angers (5).

Le concours ouvert le 1er octobre 1903, clos le 31 mars 1904, a été jugé à l'Hôtel de Ville d'Angers, le 14 avril dernier, par un jury de quinze membres réunissant, comme on le voit, toutes les compétences. Les quatre vétérinaires qui s'y trouvaient à divers titres, ont pris dans l'examen des projets présentés une part des plus actives et, sur la question si importante de la distribution et des rapports des différents services, leur influence a été prépondérante. Leurs critiques et leurs préférences ont été accueillies avec la plus grande courtoisie; elles ont été suivies et acceptées par tous, ainsi que l'atteste l'unanimité des votes émis au scrutin secret pour le choix des projets primés.

L'utilité d'adjoindre à ce jury d'architecture des techniciens au courant des nécessités du service et des perfectionnements que réclament nos abattoirs, a reçu à Angers une démonstration éclatante. Elle a été, au surplus, formellement reconnue par les autres membres du jury, architectes et ingénieurs (6).

Neuf projets furent soumis à l'appréciation du jury. Tout de suite, deux furent écartés comme trop insuffisants; par contre, tous les suffrages désignèrent, dès la première étude des plans d'ensemble, celui qui fut et qui resta classé premier.

La perfection qu'il présente dans la répartition des services, dans les détails d'installation et dans l'exactitude des devis, décida le jury à réclamer pour son auteur, comme un droit conquis par tant de travail et de talent, la direction des travaux d'exécution.

---

(1) MM. Bourdon et Delmas, professeur à l'École centrale.
(2) M. Lebrun.
(3) MM. Moreau, de Paris, et Carreau, de Dijon.
(4) M. Mallet.
(5) MM. Bloudeau et Froger.
(6) *L'Architecture*, n° du 23 avril 1904. Ville d'Angers. Construction d'un abattoir. Compte rendu des opérations du jury.

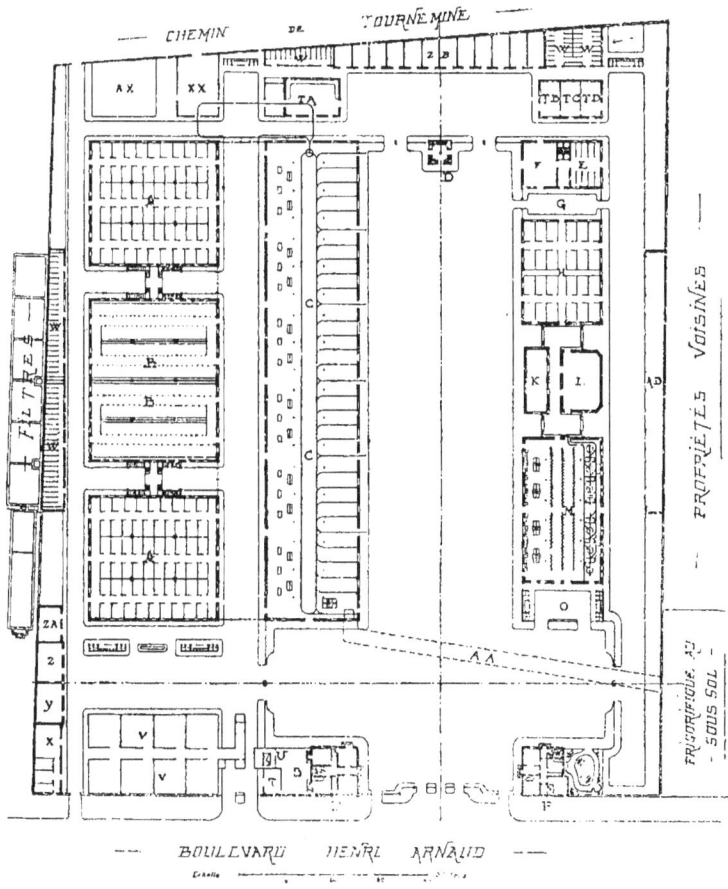

PLAN D'ENSEMBLE. — *Légende* : A. bergeries ; B, bouveries ; C, grand hall d'abatage ; D, reservoir ; E, F, écuries et salle d'abatage hippophagiques ; G, cœur des porcheries ; H, porcheries ; K, salle d'abatage des porcs ; L, brûloir ; M, pendoir avec échaudage et boyauderie ; O, cour des charcutiers ; P, pavillon d'Administration ; R, pavillon de la Direction ; S, examen des viandes foraines ; T, octroi ; U, bascule ; V, parcs de comptage et visite ; X, étable des malades et suspects ; Y, salle d'abatage sanitaire ; Z, salle d'autopsie ; ZA, viandes saisies ; TB, stérilisation des viandes tuberculeuses ; TD, salage des viandes ladres ; TA, cour des issues et lavage des tripes ; ZB, loges des tripiers ; XX, coches ; AX, usine à sang ; W, vestiaires ; AB, remise à voitures ; AA, couloir souterrain conduisant du hall d'abatage au frigorifique.

Le boulevard Henri-Arnaud donne sensiblement la direction nord-sud, le nord à droite.

Ce lauréat est M. Blitz, architecte de la ville de Compiègne, diplômé du Gouvernement.

M. Blitz, qui s'est déjà distingué dans des projets d'abattoirs pour Compiègne et pour Soissons, paraît vouloir se spécialiser dans la construction de ces établissements, et son abattoir d'Angers permet de voir en lui le premier architecte d'abattoirs que nous aurons en France.

Son œuvre mérite d'être étudiée avec quelques détails.

L'emplacement où sera édifié le nouvel abattoir a une forme rectangulaire, presque carrée. Il est limité à l'est (côté de la façade et de l'entrée) par le boulevard H. Arnaud, qui suit la Maine; au nord (à droite de l'entrée) par des propriétés particulières; à l'ouest (au fond) par le chemin de Tournemine; au sud (à gauche) par des prairies en contre-bas.

Dans son projet, M. Blitz place *l'entrée principale* sensiblement à droite de l'axe médian. En face s'ouvre une vaste cour de 35 mètres de large qu'entourent les divers services techniques (boucherie, charcuterie, triperie) et les bâtiments administratifs.

Les *locaux administratifs* comprennent deux pavillons d'un étage situés de part et d'autre de l'entrée. A droite, le pavillon du directeur, avec cabinet, laboratoire et appartement particulier. A gauche, le pavillon du concierge, avec deux logements d'employés et le bureau d'inspection sanitaire; ce local aura vue sur la cour principale, sur l'entrée des animaux et communiquera avec la cour couverte affectée à l'inspection des viandes foraines. Le bureau d'octroi occupera un petit pavillon situé à côté de l'entrée des animaux et de la bascule.

Les animaux pénètrent, en effet, dans l'abattoir par une entrée spéciale située à gauche et qui permet de les conduire directement dans les bouveries et bergeries occupant toute la partie gauche du plan; de telle sorte que cette partie de l'abattoir est affectée à l'entrée et au séjour des animaux vivants, tandis que la partie droite, avec la grande cour, est consacrée aux travaux d'abatage, de préparation et d'enlèvement des viandes, lesquelles sortent par la porte principale.

Cette *entrée des animaux* est munie de portes à doubles gonds, dirigeant les animaux vers les parcs d'attente et leur fermant la retraite de tout autre côté. Après le comptage et la visite sanitaire dans les parcs, un nouveau jeu de portes dirige les animaux vers la bascule, puis, enfin, vers les étables. Une plate-forme, avec plan incliné, sera construite pour le déchargement des animaux amenés en voiture.

En face de l'entrée des animaux s'ouvre une large avenue qui dessert les étables, situées à gauche. Les animaux y sont conduits sans gêner les autres services de l'abattoir, ni en souiller les diverses parties.

Les *bouveries* et *bergeries* couvrent une superficie de 2,500 mètres carrés et forment trois bâtiments séparés ; cette disposition offre de grands avantages au point de vue de la ventilation et de la sécurité en cas d'incendie.

Les bouveries, qui occupent le bâtiment central, peuvent loger 168 têtes de gros bétail. Il y a quatre étables de deux rangs d'animaux séparés par une allée de deux mètres, à double caniveau. Les auges, en ciment armé, sont pourvues de séparations de deux en deux places, soit tous les 2 mètres 28. Le sol est dallé en briques dites de fer.

Les bâtiments des extrémités sont affectés aux bergeries et aux étables à veaux, formant 120 cases de 8 à 10 mètres carrés. Les cloisons sont en ciment armé ; elles ne descendent pas jusqu'au sol, au moins dans leur plus grande partie, afin de faciliter les lavages et la désin-fection. Les rateliers sont en fer. Le dallage est en ciment.

Dans les bouveries et les bergeries les murs sont cimentés jusqu'à deux mètres de hauteur et leurs angles saillants et rentrants sont arrondis. La ventilation est assurée par des appareils Boyle placés au faite des bâtiments ; ce système utilise l'agitation de l'air, toujours sensible à hauteur, pour produire une aspiration efficace.

Au-dessus de ces locaux sont disposés les greniers à fourrages divisés en 160 compartiments de 8 à 10 mètres carrés.

Les *locaux sanitaires* sont situés dans l'angle gauche de l'abattoir et sont isolés du reste de l'établissement par un chemin de ronde que ne fréquentent ni le personnel, ni les animaux sains. Les animaux reconnus malades ou suspects dans les parcs d'entrée y sont dirigés par des portes spéciales, sans qu'ils aient à passer dans les parties fré-quentées par les animaux sains.

Conformément au programme, ces locaux comprennent : une étable d'observation, une salle d'abatage, une salle d'autopsie, une salle pour le dépôt des viandes saisies. En outre, sont prévus : un local pour la

destruction des viandes saisies; une salle pour la stérilisation des
viandes tuberculeuses; une salle pour le salage des viandes ladres Ces
deux derniers locaux sont placés au fond et à droite de l'abattoir, au
voisinage des cases des tripiers.

La *halle d'abatage* pour la boucherie se trouve située à gauche de
l'entrée principale, parallèlement aux bouveries-bergeries. Sa façade,
qui borde la grande cour à gauche, regarde au nord : cette orientation
est excellente. Elle forme une vaste galerie de 100 mètres de long sur
20 mètres de large, bien éclairée sur sa façade nord par de grandes
baies vitrées. Du côté sud, le mur est en partie abrité du soleil par la
couverture prolongée en auvent. Le sol est recouvert en pavés spéciaux
non glissants (briques dites de fer). Les murs sont cimentés à 2 m. 50
de hauteur. La couverture est en ardoises avec hourdis Cancalon sous
chevrons, formant matelas d'air. La charpente métallique est supportée
par deux rangs de piliers de fonte qui permettent de distinguer, sur une
section transversale de la halle, trois parties de grandeur inégale et
utilisées de manière différente.

La partie qui longe le mur sud sert d'emplacement pour l'abatage des
petits animaux. À l'exception des chevilles et tringles à crochets fixés
au mur, il ne s'y trouve que des accessoires mobiles : chevalets, tables,
tréteaux, etc.

La partie médiane est réservée au service et à la circulation. Les
animaux pénètrent dans le hall par les portes (au nombre de sept)
percées dans le mur sud et, au besoin, par les portes des pignons est et
ouest.

Les grands animaux sont abattus et préparés dans la partie de la
halle qui longe le mur nord et qui est la plus large des trois. C'est ici
que seront installés les appareils perfectionnés de levage et de transport
qui doivent se rencontrer aujourd'hui dans tout abattoir bien outillé.
Ils comprennent sur chacun des vingt-quatre emplacements d'abatage :
un treuil à double câble (*t*) soulevant l'écarteur métallique (*e*) où l'on a
fixé l'animal par les jarrets, et un monorail aérien (*r*) placé à 4 mètres
du sol et qui s'embranche sur la grande voie longitudinale desservant
tout le hall. Lorsque la préparation est terminée, par une manœuvre
fort simple, l'animal (entier ou plus ordinairement par moitiés), est
suspendu à un petit chariot (trolley à quatre galets) roulant sur le rail
aérien. Au moment de l'enlèvement, l'animal est poussé sur le rail
longitudinal, puis, par l'un des embranchements qui desservent les

cinq portes de sortie sur la grande cour, jusqu'au-dessus de la voiture du boucher acculée devant cette porte.

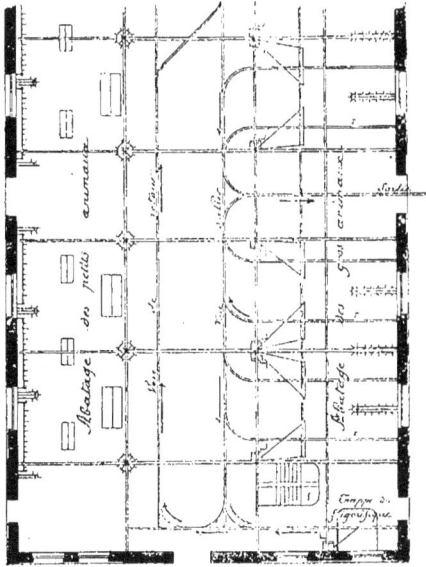

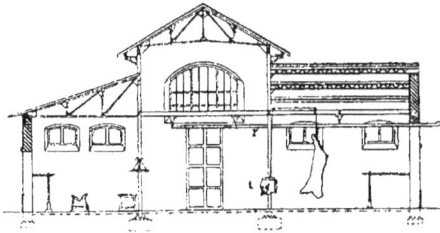

HALLE D'ABATAGE

Plan de l'extrémité est et coupe verticale en travers.
(Échelle de 3 m/m.1 par mètre.)

Il existe une deuxième voie aérienne et des embranchements diagonaux pour le retour des trolleys et pour le service des caisses métalliques

employées au transport des viscères abdominaux vers la boyauderie
et à l'enlèvement des détritus vers le coche ; le monorail du hall sera,
en effet, prolongé par une large boucle à travers la boyauderie-triperie
et le coche.

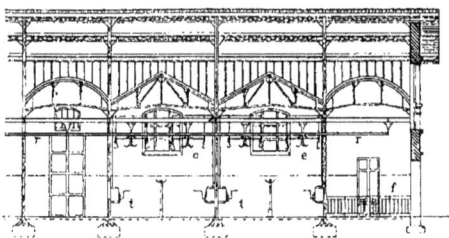

HALLE D'ABATAGE
Coupe verticale en long. (Échelle de 3 °/". 1 par mètre.)

A l'extrémité est du hall se trouvent un escalier de descente et une
trappe (*f*) qui donnent accès dans le couloir souterrain desservant le
frigorifique.

Les *bâtiments de la charcuterie* sont situés à droite de la grande cour,
en regard du hall de la boucherie, au lieu d'être relégués au fond du
terrain, comme on l'observe trop fréquemment.

Les porcheries sont placées au fond. Elles ont des dimensions de
18 × 22 mètres et peuvent contenir dans leurs vingt-quatre compartiments plus de 250 porcs. Les auges, le sol, les murs sont en ciment. Au-
dessus se trouve un grenier pour les pailles ; ce local ne communique
pas avec le brûloir.

Les porcs sont amenés dans la cour située à l'ouest de la porcherie,
soit en leur faisant parcourir l'allée des bouveries, puis le chemin de
ronde qui lui fait suite, soit en les transportant par le plus court chemin dans des chariots métalliques à roues basses qui servent en même
temps pour leur pesage. Une plate-forme avec plan incliné est construite
dans cette cour d'arrivée pour le déchargement des animaux amenés
dans les voitures ordinaires.

De la porcherie, les animaux passent dans la salle d'abatage, hall vitré
revêtu à l'intérieur de carreaux cérame. Ils sont abattus et saignés sur
une plate-forme en ciment.

En face de la salle d'abatage se trouve le brûloir, divisé en six compartiments, pour les animaux qui doivent être grillés, — à Angers l'échaudage et le grillage se pratiquent concurremment. Le grillage sera effectué à la paille ou au gaz. Avant et après cette opération les animaux sont transportés au moyen de brouettes à roues basses.

Le dernier bâtiment de la charcuterie, le plus proche de l'entrée de l'abattoir, forme une grande salle de 16 × 30 mètres, éclairée par de grands châssis vitrés et divisée en trois parties :

1° A droite, l'échaudage. Les animaux amenés de la salle d'abatage et qui doivent être échaudés, sont accrochés à un treuil suspendu et roulant sur un rail aérien qui permet de les conduire au-dessus des cuves d'échaudage, où ils sont plongés, puis relevés et déposés sur la table voisine. Les six cuves d'échaudage sont chauffées par la vapeur. Pour les jours de petit abatage, deux d'entr'elles sont en même temps pourvues de foyers doubles. Chaque cuve est surmontée d'une hotte circulaire ;

2° Au milieu, le pendoir. Trois rangées de tringles permettent d'y placer 160 porcs. Le transport et la suspension des animaux sont facilités par l'usage de treuils roulants ;

3° A gauche, le long de la façade sud, sont disposées des tables avec auges, robinets d'eau froide et d'eau chaude, tringles à crochets, etc., pour le travail des abats de porcs.

Cinq portes ouvertes dans les façades sud et est permettent la sortie des porcs qui sont transportés dans les voitures stationnant dans la grande cour ou dans la petite cour, dite des charcutiers, qui se trouve à l'est du pendoir.

Le *frigorifique* sera l'une des parties les plus intéressantes et les plus importantes du nouvel abattoir. On a compris à Angers, comme à Chambéry et à Dijon, qu'il ne peut exister actuellement d'abattoir complet sans resserres à réfrigération modérée, permettant aux bouchers de s'approvisionner de viande, quel que soit l'état de la température, et assurant la bonne conservation de cette substance si souvent dangereuse lorsqu'elle s'altère.

Le frigorifique de l'abattoir d'Angers sera nécessairement construit en même temps que les autres parties de l'établissement. Il comprendra deux parties :

1° Un sous-sol dont les chambres (cases et armoires) seront à l'usage des bouchers, charcutiers et tripiers de l'abattoir. Les viandes du hall de la boucherie y seront amenées au moyen d'un couloir souterrain partant de l'extrémité est de ce bâtiment et traversant la grande cour. Elles seront descendues par une trappe à l'aide d'un treuil spécial, puis elles seront poussées jusqu'au frigorifique au moyen d'un dispositif auto-mécanique ;

2° Un rez-de-chaussée qui communiquera non avec l'abattoir, mais avec le dehors. Ses chambres froides et leurs subdivisions seront louées aux commerçants de la ville.

La *machinerie*, installée dans un local construit à côté du frigorifique, comprendra les générateurs et machines assurant la production du froid et alimentant les canalisations de vapeur et d'eau chaude pour le service de la charcuterie et de la triperie.

Cette installation pourra servir encore au chauffage des bâtiments administratifs et, comme le propose M. Blitz, à celui des ateliers de travail, afin d'éviter que par les froids rigoureux (— 5° et au dessous) la température ne descende au-dessous de + 5° et ne rende le séjour dans ces locaux pénible et dangereux pour le personnel.

L'*abattoir hippophagique* se trouve placé à l'ouest de la cour des porcheries. Il comprend une écurie pour dix chevaux et une salle d'abatage permettant de préparer simultanément quatre chevaux (treuils et rails de roulement). Au dessus de l'écurie existe un grenier à fourrages divisé en six cases.

La *boyauderie-triperie* occupe tout le fond du terrain ; elle est distincte de l'abattoir proprement dit dont elle est séparée par le chemin de ronde et une arrière-cour. Cette situation correspond bien au caractère de ce service : mi-partie extérieur (enlèvement et nettoyage des viscères) et mi-partie intérieur (préparation et cuisson des abats).

Elle se compose de : 1° la cour aux issues, surface cimentée située en face de l'extrémité ouest du hall d'abatage, à proximité des coches ou voiries. Les estomacs et intestins y sont transportés au moyen du monorail ; ils y sont ouverts et vidés, puis ils sont portés — à la brouette ou à l'aide du monorail — dans le local qui suit ;

2° Le lavoir des tripes, hangar de 8 × 12 mètres, pourvu de bassins en ciment avec robinets d'eau ;

3° Les loges ou salles de préparation, au nombre de douze, munies chacune d'un fourneau, de tringles à crochets et d'un bassin à eau froide. Les murs sont recouverts de carreaux cérame.

Les *coches* ou *dépôt des voiries* reçoivent les fumiers des étables et les matières intestinales de la cour des issues. Ils sont situés au fond du terrain, mais à proximité suffisante des étables, du hall d'abatage et des boyauderies-triperies. Les voiries sont enlevées discrètement et sans danger de souiller l'abattoir, par une porte spéciale s'ouvrant sur le chemin de Tournemine.

Un emplacement a été réservé dans l'angle sud-ouest, à côté des coches, pour l'établissement d'une usine à sang.

Les *restiaires*, avec lavabos, sont installés en divers endroits : le long du mur de clôture sud et de chaque côté des triperies. Par prudence l'auteur du projet n'en a placé aucun dans les greniers.

Des urinoirs, cabinets d'aisances, magasins, remises pour les voitures des bouchers, etc., sont répartis sur différents points de l'établissement.

Un réservoir en ciment armé, élevé de 15 mètres et placé au fond de la grande cour, assure une provision de 100 mètres cubes d'eau de la ville. Nous ne dirons rien de la canalisation d'eau, ni du système de distribution : robinets, griffons, bouches d'incendie, etc.

Le système d'*évacuation des eaux vannes* commence par des siphons-paniers placés dans les points bas des diverses parties de l'établissement. Le réseau des tuyaux et collecteurs secondaires est muni de chambres de chasses placées aux points hauts et fonctionnant automatiquement. Le collecteur principal aboutit aux bassins de décantation et de filtrage situés le long et en contre-bas du mur de clôture sud.

Dans son projet, M. Blitz a fait choix du système d'épuration dit des fosses septiques.

L'installation, en ciment armé, comprend un bassin de décantation, avec trop-plein, où s'opère le dépôt des matières lourdes (enlevées une fois par mois). Les eaux passent ensuite dans la fosse septique où, pendant un séjour de 24 à 30 heures, elles sont le siège d'un travail microbien (anaérobie). La fosse est fermée et les gaz formés sont brûlés sur des foyers ou dispersés dans l'atmosphère par des cheminées de 8 à 10 mètres de hauteur. Les eaux sont ensuite dirigées successivement dans le bassin régulateur, dans l'aérateur et dans les appareils distribu-

teurs qui les envoient sur des filtres à mâchefer fonctionnant alternati
vement et automatiquement.

Les avantages de ce système d'épuration sont : frais d'exploitation
nuls, pas de complication chimique ou mécanique ; la durée du séjour
des eaux dans les différents bassins étant déterminée par le réglage des
débits d'entrée et de sortie.

Le système de *dallage* proposé mérite aussi une mention. Avec les
divers pavages ou dallages usités jusqu'ici on n'a pu éviter, surtout dans
les salles d'abatage, les glissades si fréquentes et si dangereuses. L'usage
de la brique surcuite, dite brique de fer, très dure et très rugueuse,
même après usure, donnerait la solution du problème. Ce pavage, d'une
résistance de 950 kilos par centimètre carré, peut être employé dans
toutes les circulations intérieures et extérieures; il serait posé sur lit de
béton et rejointoyé au ciment.

En résumé, le futur abattoir d'Angers se caractérise par une orientation et un espacement des bâtiments assurant de faciles dégagements et
une très large ventilation, et surtout par le groupement rationnel des
divers services : les bâtiments des services propres (viandes préparées)
étant disposés autour d'une vaste cour, tandis que tout le côté gauche et
le fond de l'abattoir sont affectés aux locaux d'attente des animaux et
aux services de boyanderie et de nettoyage.

M. Blitz a, de cette manière, résolu ce problème qui résume toute la
physiologie de l'abattoir bien agencé : 1° assurer l'entrée, la circulation
et le séjour des animaux sans que ceux-ci puissent gêner le service, ni
souiller les parties propres de l'abattoir (préparation, séjour — frigorifique — et sortie des viandes); 2° éloigner et isoler les locaux sanitaires,
les ateliers de nettoyage et de préparation des organes internes ; 3° assu
rer l'évacuation et l'épuration des eaux résiduaires et l'enlèvement des
immondices de toute provenance par une sortie spéciale et éloignée.

En outre, le côté artistique n'a pas été négligé. Comme l'indique
l'auteur dans son rapport descriptif, l'ensemble des bâtiments a une
allure sobre et sans prétention qui convient au caractère d'une sem-
blable construction ; néanmoins, l'aspect en sera agréable, tant en raison
de la tenue de l'architecture, si simple soit-elle, que de l'ampleur des
circulations qui réserveront à l'œil une vaste perspective.

L'élève des Beaux-Arts n'abandonne donc pas complètement ses dieux et nous ne saurions lui en faire reproche puisqu'il les subordonne entièrement aux nécessités de l'exploitation. Le fait est d'autant plus méritoire que trop souvent l'architecte sacrifie tout à la façade ou à la symétrie.

Ces qualités architecturales suffiraient déjà à différencier sensiblement l'abattoir d'Angers des abattoirs allemands, si, dans les dispositions d'ensemble et de détail, l'auteur ne s'était encore attaché à satisfaire aussi complètement que possible les habitudes et les besoins locaux, en créant pour ainsi dire de toutes pièces le type de l'abattoir moderne français.

Tel sera, dans ses grandes lignes, le nouvel abattoir que va construire M. Blitz pour la ville d'Angers (1).

Il constituera en France le premier établissement de ce genre où les conditions nécessaires à l'inspection des animaux, avant et après l'abatage, celles que réclament l'hygiène et la salubrité aussi bien que la bonne exécution du travail auront été entièrement réalisées.

Ainsi se trouveront satisfaites ces judicieuses remarques sur le fonctionnement de l'abattoir moderne que nous avons été heureux de rencontrer dans un de nos meilleurs traités classiques d'hygiène :

« Non seulement l'abattoir doit être installé de manière que les opérations qui s'y accomplissent aient lieu dans de bonnes conditions de propreté, mais encore il faut qu'un établissement de ce genre soit organisé pour donner toutes facilités au service sanitaire des viandes, tant pour l'examen proprement dit que pour l'exécution des mesures prophylactiques spéciales qui paraîtraient utiles à la suite de cet examen. » (Arnould. *Hygiène*, 4e édition, 1902, page 695.)

Il est bon et juste de reconnaître que l'initiative et les efforts dépensés pour amener ces heureux résultats sont dus, pour la plus grande part, à M. Foucher, vétérinaire principal de 1re classe en retraite, conseiller municipal d'Angers, secondé, notamment dans la préparation du pro-

---

(1) Une remarque doit être faite au sujet de l'emplacement que la ville a choisi et qui se trouve éloigné de toute gare, voire de toute ligne de chemin de fer. Les nécessités locales imposaient sans doute cette seule solution; mais il y a lieu de penser que le magnifique établissement qui va être créé, verra bientôt ses moyens d'accès complétés et ne restera pas longtemps privé des précieux avantages que lui donnera le service de la voie ferrée.

gramme du concours, par M. Mallet. vétérinaire, directeur de l'abattoir d'Angers.

La tâche entreprise par M. Foucher était d'autant plus ardue qu'il lui fallait vaincre toutes les routines, techniques et administratives, combattre l'ignorance où l'on était à Angers — comme partout ailleurs, du reste — des nécessités nouvelles, amener les architectes à s'initier à ces questions, et surtout parce qu'il devait déployer l'effort initial : rien ou presque rien d'analogue n'ayant encore été fait chez nous.

Maintenant que le branle est donné, que le concours d'Angers nous a révélé un type d'abattoir moderne et un premier architecte spécialisé, une émulation va naître, nous l'espérons, et le mouvement continuera. La loi à l'étude sur l'inspection des viandes abattues l'accentuera, en attirant l'attention du grand public sur les abattoirs, trop souvent laissés au dernier rang des préoccupations éditaires.

Et lorsque Angers, grâce à M. Foucher, lorsque Lyon, après la réalisation prochaine des magnifiques projets élaborés par M. Leclerc, lorsque Béziers, Bordeaux, Limoges, Orléans et d'autres villes, grandes et petites, actuellement pourvues d'établissements insuffisants ou de sordides bâtisses tenant lieu d'abattoirs, les auront reconstruits et aménagés rationnellement, peut-être alors la municipalité parisienne s'apercevra enfin qu'au point de vue abattoirs, la Ville Lumière s'est laissée éclipser par l'étranger et par la province, que ses abattoirs se distinguent seulement par l'extraordinaire encombrement des échaudoirs et l'indescriptible saleté des cours de travail, et qu'il y a nécessité absolue, au triple point de vue de la salubrité, de l'inspection sanitaire et de la bonne renommée de Paris. de reconstruire la Villette et de transformer Vaugirard.

Dr A. MOREAU.

www.ingramcontent.com/pod-product-compliance
Lightning Source LLC
Chambersburg PA
CBHW050440210326
41520CB00019B/6016